# EAUX THERMO-MINÉRALES

DE

# PLOMBIÈRES

Des Dyspepsies diathésiques & de leur traitement par les eaux de Plombières.

# EAUX THERMO-MINÉRALES

DE

# PLOMBIÈRES

Étude sur les maladies constitutionnelles des voies digestives.

Des Dyspepsies diathésiques & de leur traitement par les eaux de Plombières.

PAR


## Le Dr C. Caire

Éléve des Hôpitaux de Paris,
Lauréat de l'École Impériale du Val-de-Grâce
Ex-Médecin Militaire, Médecin de l'Hôpital de Cannes
et de l'administration du chemin de fer P.-L.-M.
Membre du Conseil d'hygiène de l'Arrondissement des Alpes-Maritimes,
Médecin aux Eaux de Plombières (Vosges).

CANNES

IMPRIMERIE L. MACCARRY, RUE BIVOUAC-NAPOLÉON, 7.

1868


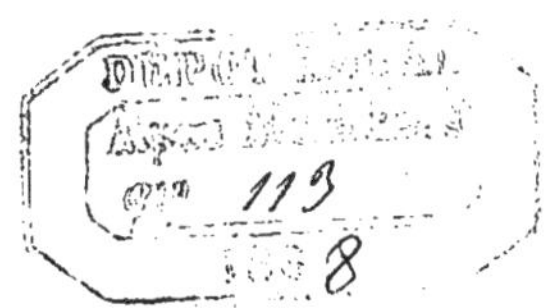

# AVANT-PROPOS.

Atteint depuis plusieurs années de douleurs nerveuses dans la région abdominale, et après avoir successivement demandé à tous les agens thérapeutiques et à plusieurs stations thermales un peu de soulagement à mes souffrances intestinales, je me suis décidé à quitter mes occupations professionnelles, pour venir chercher aux eaux de Plombières, sinon une guérison, du moins un soulagement très marqué. J'ai obtenu jusqu'ici tout ce que je pouvais souhaiter.

Pendant mon séjour dans les Vosges, il m'a été permis de constater l'efficacité des eaux de Plombières dans les névroses de l'estomac et des intestins, et de remarquer qu'elle l'emportent infiniment dans la majorité des cas, sur les remèdes les plus vantés dans ce genre d'affections. C'est ce qui m'a suggéré l'idée en hôte reconnaissant, mais étranger au pays, de raconter ce que j'ai vu, ce que j'ai appris, et les avantages que j'ai retirés moi-même de ma saison thermale.

Sources de santé et de richesse à la fois, les eaux de Plombières méritent assurément toute l'attention et toute la sollicitude du médecin et du malade. Je crois fermement que ses eaux faiblement alcalines et arsenicales, mais probablement chargées d'une forte dose d'électricité, n'ont pas encore reçu tous les malades qu'elles réclament, je m'estimerais donc heureux si ce faible essai pouvait contribuer à le démontrer.

Plombières, rendu célèbre dès la plus haute antiquité, par les thermes connus des Celtes et des Romains, est devenu aujourd'hui l'une des plus charmantes villes d'eaux de l'Europe. Chaque année des touristes français et étrangers viennent en grand nombre visiter cette ville et son charmant paysage. Située au fond d'une riante vallée, creusée au sein des montagnes des Vosges, elle se trouve placée sur la ligne de l'Est, entre Paris et Lyon, elle a des aboutissants avec ces deux grandes cités, et a le droit de s'enorgueillir des admirables perspectives répandues à profusion dans ses environs. Je me suis souvent demandé en présence de ce splendide panorama, pourquoi les malades ne préferaient pas les Vosges à l'Allemagne. Son heureuse situation, la splendeur de ses sites, le nombre, la variété, l'importance thérapeutique de ses sources, et la magnificence de plusieurs de ces établissements, assurent au département des Vosges un avenir thermal illimité. Il appartient à une haute impulsion qui a déjà tant fait pour le bonheur du pays, de continuer l'ère de prospérité réservée à juste titre à ces eaux bienfaisantes.

Si cet opuscule malgré ses imperfections et ses lacunes peut servir de guide aux malades, je le leur dédie bien volontiers, et leur souhaite de faire à Plombières une cure aussi profitable que la mienne.

# CHAPITRE PREMIER

## Sources de Plombières, leur température et leur composition chimique.

Les sources de Plombières sortent d'un granit porphyroide. Il en existe 27 régulièrement captées, qui fournissent par minute 507 litres, et par 24 heures 730 mètres cubes d'eau minérale, marquant depuis 11°45 jusqu'à 69°53 centigrades, et enfin une source ferrugineuse débitant 6 litres 58 centilitres par minute ou 9$^{me}$47 par 24 heures à la température de 12°.

Les sources chaudes actuellement conservées sont au nombre de 16, toutes servent à l'alimentation des bains. Celles des Dames et du Crucifix sont en outre employées en boisson, il en est de même des eaux froides savonneuses et ferrugineuses. Cinq établissements thermaux sont alimentés par ces différentes sources ; ce sont le bain Romain, le bain tempéré, le bain Impérial, le bain des Dames et les Thermes Napoléon III. Ces derniers construits en 1857 sous les auspices de l'Empereur, sont encadrés entre les deux hôtels qui les accompagnent et constituent un ensemble d'un aspect tout-à-fait monumental. En face s'élèvent sur la pente de la colline les réservoirs qui doivent alimenter les bains ; un aqueduc souterrain met les réservoirs en communication entre le sous-sol des bains et se prolonge sous la petite promenade, passe sous la rivière, suit la rue Napoléon III, arrive dans la région des sources principales et aboutit aux étuves nouvelles à la hauteur du bain des Dames.

En descendant la vallée, on trouve un peu plus loin le parc créé par l'Empereur en 1857, et devenu depuis cette époque la promenade habituelle des baigneurs.

M. le docteur Lheritier et O'Henry, ont exposé avec un grand talent d'observation, dans l'*Hydrologie de Plombières* publiée en 1855 l'analyse des eaux; j'emprunterai à cet excellent ouvrage les deux tableaux suivants qui sont un résumé parfait de la température et de la composition chimique des principales sources de Plombières, et je renverrai mes lecteurs à ce beau travail d'ensemble, où sont exposés avec beaucoup d'art et de méthode, le rendement, la température et le mode de formation des eaux.

## Résumé de la composition chimique et la température des principales sources de Plombières.

| PRINCIPES Minéralisateurs dans 1000 gr. d'eau (1 litre). | SOURCE du Crucifix. | SOURCE des Dames. | BAIN Romain. | BAIN tempéré. | BAIN Impérial |
|---|---|---|---|---|---|
| Température . | 47° 5r | 51° 5r | 60° r | 27° à 28°r | 28° r |
| | grammes | grammes. | grammes | grammes | grammes. |
| Acide silicique (Silice) ..... | 0, 0200 | 0, 0116 | 0, 0210 | 0, 0240 | 0, 0150 |
| Alumine...... | 0, 0120 | 0, 0100 | 0, 0130 | 0, 0110 | |
| Silicate de soude | 0, 0518 | 0, 0818 | 0, 0690 | 0, 0560 | 0, 0290 |
| — de potasse. | 0, 0080 | 0, 0040 | | | |
| — de chaux.. | | | | | |
| — de magnésie.. | 0, 0454 | 0, 0320 | 0, 0390 | 0, 0126 | 0, 0140 |
| Lithine silicatée, probablement. | sensible | sensible | indices | indices | Indices |
| Chlorure de sodium | 0, 0450 | 0, 0360 | 0, 0300 | 0, 0300 | 0, 0100 |
| — de potassium | »» | »» | »» | »» | »» |
| — de calcium. | »» | »» | »» | »» | »» |
| Sulfate de soude. | 0, 0810 | 0, 0082 | 0, 0510 | 0, 0560 | 0, 0300 |
| Arseniate id... | 0, 0006 | 0, 0007 | supposé indices par analogie. | supposé indices par analogie | supposé indices prr analogie |
| Sesquioxide de fer......... | traces sensibl. | tr. sens. | | | |
| Iodure......... | indices | indices | | | |
| Phosphate.... | très sensible | très sen. | | | |
| Fluor ou fluate. | ind. douteux. | ind. dout. | ? ? | ? ? | ? ? |
| Acide borique ou borate .. | » | » | » | » | » |
| Matière organique azotée. | 0, 0200 | 0, 0200 | Indéterminé. | indéterminé | Indéterminé. |
| TOTAL..... | 0, 2838 | 0, 2781 | 0, 2230 | 0, 1896 | 0, 0980 |

## Résumé de la composition chimique de l'eau des sources savonneuse et ferrugineuse.

| SOURCE **Savonneuse** à 12° de température | EAU (1 litre) | Source ferrugineuse de Bourdeille de 12° et 14° de température | EAU (1 litre) | OBSERVATIONS |
|---|---|---|---|---|
| | grammes. | | litre | |
| Acide silicique (silice).......... | 0, 01800 | Acide carbonique libre en volume. | 0, 0170 | |
| Alumine ........ | 0, 01400 | Acide silicique et | grammes | |
| Silicate de soude.. — de potasse. | 0, 02700 | silicate de soude. — chaux.... | 0, 05730 | |
| — de chanx. — de magnésie.. | 0, 00630 | — magnésie. — potasse .. | | |
| Bicarbonate de chaux — dc magnésic. | 0, 01010 | Alumine........ | 0, 00750 | |
| Chlorure de sodium | 0, 00400 | Bicarbonates de chaux... — magnésie.. | 0, 01660 | |
| — de calcium. — de magnésium.. | 0, 01710 | — de protoxide de fer..... | 0, 02350 | Représentés par sesquioxide de 0,0132. |
| Sulfate de chaux. — de soude.. | 0, 02200 | Avec crénate.... | | |
| Iodure.......... | Présumé | Arseniate ferreux... | 0, 00004 | |
| Phosphate ...... Lithine ......... | Sensibles | Chlorure de sodium. — de potassium.. | 0, 00450 | |
| Arseniate de soude. | 0, 00049 | Sulfate de soude.. — de chaux.. | 0, 01230 | |
| Sesquioxide de fer. | indices | Lithine ........ | indices | |
| Fluate et borate.. | ?? | Iodure .......... | ?? | |
| Matière organique azotée ........ | 0, 01000 | Fluate et Borate. | ?? | |
| | | Phosphate........ | sensible | |
| | | Matière organ. azotée brune (acide crenique sans doute). | indiquée | |
| TOTAL.... | 0, 12899 | TOTAL.... | 0, 12174 | |

Les eaux de Plombières sont limpides, sans saveur ni odeur distinctes. Leur densité ramenée à 14° centigrades diffère peu de celle de l'eau distillée. MM. O'Heury et Lhéritier ont confirmé sur tous les points les résultats annoncés par Vauquelin; de plus ils se sont livrés très sérieusement à l'étude de la matière organique azotée et insoluble, qui avec le silice hydratée forme un magama gélatineux, que l'on rencontre au point d'émergence de certaines sources.

Indépendamment des eaux thermo-minérales, il existe à Plombières :

1° une eau minérale ferrugineuse froide, dite *Source Bourdeille*, dont la température est à 12°, limpide, inodore, d'une saveur métallique assez prononcée elle se digère facilement. Conservée à l'air libre dans un vase découvert, il s'y produit une matière albumineuse légèrement colorée par un peu d'oxide de fer, qui se dépose au fond du vase.

2° Une eau minérale savonneuse froide, qui sort d'une roche granitique, au milieu de laquelle on trouve des filets d'une matière blanchâtre ; c'est de cette matière grasse et douce au toucher appelée savon minéral, que cette eau a pris son nom d'*Eau Savonneuse*. Elle est très fraîche et légèrement onctueuse. Sa température varie entre 12° et 14°, sa saveur est fade et douceâtre. Elle présente dans le vase une nuance opaline, qui lui est communiquée par une matière organique et quelques atômes insolubles de silice, de soude et de chaux carbonatée qu'elle tient en suspension.

L'opinion généralement répandue est que l'eau savonneuse contient les mêmes éléments chimiques que l'eau thermale, mais dans des proportions moitié moins fortes. Aussi, cette eau peut-elle convenir en boisson aux personnes, qui ont une répugnance invincible pour l'eau thermale. Le docteur Lhéritier la recommande surtout dans les maladies des voies urinaires.

## CHAPITRE II.

### Considérations sur les maladies constitutionnelles

Le physiologiste en étudiant l'homme sain en lui-même et dans ses rapports avec le monde extérieur a acquis la notion des constitutions et du tempérament. Le pathologiste à son tour étudiant l'homme malade de la même façon, à rencontré de véritables tempéraments morbides, qui sont pour nous les maladies constitutionnelles et les diathèses. Le médicament n'est donc pas destiné à agir exclusivement contre des organes affectés, mais contre des unités pathologiques partagées en groupes, d'après l'analogie de causes, de symptômes, et de traitement. Cette méthode est savamment tracée dans les leçons de M. Bazin, nous nous servirons de ses travaux comme base nosologique, et acceptant les principes de spécialisation thérapeutique, tels qu'ils ont été établis par le célèbre professeur de Saint-Louis, nous chercherons à transporter dans le champ de l'hydrologie ses précieuses données.

« On ne saurait nier, dit-il, le profit réel que les malades atteints de maladies constitutionnelles, retirent des eaux minéralisées, mais il faudra conseiller contre chaque maladie les eaux qui lui sont nécessaires. En appliquant cette doctrine à l'examen des procédés thérapeutiques des eaux minérales, je suis arrivé à reconnaître d'une manière générale : 1° qu'il faut administrer les eaux arsenicales dans l'herpetisme ; 2° que les eaux alcalines sont efficaces contre les affections arthritiques ; 3° enfin, que les eaux sulfureuses sont des agents énergiques contre les affections scrofuleuses (Bazin de l'arthritis et de la dartre). »

L'un des plus illustres hydrologues de notre époque, M. Patissier s'exprime ainsi dans son rapport, pour les années 1838-1839. « Il ne faut pas perdre de vue que les maladies cutanées ne sont tenaces, rebelles et n'ont beaucoup de tendance à récidiver, que parce qu'elles sont constitutionnelles, c'est-à-dire dépendant d'une altération spéciale de nos humeurs. » Et dans son rapport de 1854, p[e] 193 : « Les maladies, dit-il, qu'on traite dans la plupart des thermes portent le même nom, mais ce ne sont pas les mêmes individualités pathologiques. »

Les maladies constitutionnelles ne se développent donc qu'en vertu de prédispositions actives qui contribuent avec les formes morale et physique, à constituer l'individualité humaine. La prédisposition n'est donc que la maladie en puissance ; elle peut rester telle durant toute la vie de l'individu, et se transmettre sous cette forme héréditairement, pour ne passer en acte que plusieurs générations après, spontanément ou sous l'influence d'une cause déterminante qu'il faut chercher alors dans le milieu, où vit le malade.

Le but de l'hygiène pratique est d'éloigner ces causes morbides et de les combattre. Etudier dans leur rapport avec les agents cosmiques, les tempéraments sains et les tempéraments morbides, modifier ceux-ci et les faire disparaître, en modifiant les mêmes agents ; tel doit être le sujet de tous les efforts du médecin.

M. Bazin a divisé les maladies constitutionnelles en 4 catégories : 1° la dartre ou l'herpétisme ; 2° le rhumatisme ou l'arthritis ; 3° la syphilis ; 4° la scrofule. Je ne veux m'occuper que des deux premières affections, parce qu'elles m'ont paru être souvent la cause prédisposante de la dyspepsie, que je me propose d'étudier au point de vue diathésique.

## CHAPITRE III.

### De la Dartre ou Herpétisme

La dartre est une maladie constitutionnelle, suivant la définition de M. Bazin, à marche lente continue ou intermittente, non contagieuse, constituée par des affections spéciales, qui ont pour siège les membranes tégumentaires, les nerfs, les viscères, et caractérisée par la fréquence des récidives.

Chez les sujets prédisposés à la dartre, la transpiration est rare et peu abondante, et la peau est souvent le siége de démangeaisons pénibles, la maigreur est un état presque constant. La diathèse herpétique s'annonce encore par des névroses diverses, la migraine franche, la dyspepsie, la névralgie intercostale et des autres régions. Le dartreux présente ordinairement un caractère irascible et porté à la mélancolie.

On peut dire d'une manière générale avec M. Pidoux, dont la longue expérience égale le talent, que plus les affections cutanées sont étendues et déterminées, moins les autres manifestations herpétiques, telles que dyspepsie, névroses, hypochondrie, ont de tendance à se développer. C'est que la dartre est en effet la forme fixe extérieure, la forme en quelque sorte la plus désirable et la moins grave de l'herpétisme.

De même que la dartre est la manifestation d'une maladie constitutionnelle sur la peau, de même aussi on peut la rencontrer sur les membranes muqueuses, ces surfaces de rapport qui ont mérité le nom de tégument interne. Or, ces membranes ont des vaisseaux , des nerfs de plusieurs ordres, des follicules secréteurs et offrent tous les éléments nécessaires à la manifestation des fluxions, des névroses, des névralgies, etc. à la peau l'herpétisme est concluant, sur les membranes muqueuses et dans les viscères il se traduit par des symptômes différents et par des phénomènes sans cesse nouveaux. Selon le savant inspecteur des eaux bonnes, on n'a pas toujours besoin de la lésion cutanée, pour reconnaître l'herpétisme ; le plus ordinairement l'irritabilité nerveuse et les névroses précèdent les manifestations cutanées irrécusables. Souvent il suffira d'une légère desquamation furfuracée du cuir chevelu, d'un suintement morbide dans le sillon caché derrière le pavillon de l'oreille, d'une peau irritable, sèche, rude et facilement prurigineuse, de démangeaisons habituelles des parties génitales, d'une alopécie progressive, d'une langue rouge sur les bords et saburrale à la base, enfin d'une grande prédisposition aux angines et aux coryzas. Chomel, professait que le plus grand nombre des angines étaient de nature herpétique. Il y a deux grandes variétés de ces angines granuleuses ; les unes font partie et sont comme la terminaison supérieure d'affections des voies respiratoires et s'accompagnent de laryngite. Les autres sont le commencement ou la terminaison supérieure d'affections des voies digestives et de dyspepsies proprement dites : dans ce cas la gorge et l'angine sont vraiment un miroir de l'estomac et de la dyspepsie, comme quelquefois c'est inférieurement que la dyspepsie se propage sous forme d'entéralgie ou de dyspepsie intestinale.

L'herpétisme qui renferme le plus grand nombre et la plus grande variété des maladies chroniques et dont les limites sont très difficiles à poser, se présente sous plusieurs aspects; à la peau, avons-nous déjà dit, ce sont des dartres, sur les membranes muqueuses ses formes varient en raison du tempérament du sujet et de la nature de la maladie capitale dégénérée et transformée.

Les névroses et les névralgies herpétiques ne laissent pas que de présenter aussi des caractères qui permettent de reconnaître en elles la nature des maladies constitutionnelles, d'où elles procèdent. Cette transformation peut aller jusqu'à ne plus laisser dans l'organisme qu'une irritabilité générale et un état valitudinaire. Telle est la susceptibilité morbide continuelle des personnes délicates, de ces personnes *qui ont toujours quelque chose.*

Le grand sympathique lui-même peut être affecté dans l'herpetisme, aussi il n'est pas rare d'observer des coliques sèches, des entéralgies, des douleurs névralgiques utérines et lombaires constituant chez la femme l'hystéralgie.

Dans l'une des dernières périodes de l'herpetisme, les dartres se généralisent et se fixent, elles ne disparaissent que sous l'influence de moyens appropriés, et entraînent fréquemment par leur disparition diverses affections métastatiques. On a vu par exemple après la guérison des dartres étendues, survenir l'ascite, l'hydropericarde, l'œdème pulmonaire. D'autrefois quelques dartres coexistent ou alternent avec une névralgie périodique, des accès d'asthme, des vomissements consécutifs à une dyspepesie plus opiniâtre.

Dans la dernière période l'amaigrissement est extrême et souvent marqué par une infiltration du tissu cellulaire; le cancer de l'estomac, des intestins, du foie ou de la matrice, se montre souvent dans cette période ultime de la dartre. Les accès d'asthme se rapprochent et ne laissent plus de repos au malade, qui meurt souvent par syncope.

## CHAPITRE IV.

### Du Rhumatisme ou Arthritis.

Le rhumatisme et la goutte sont deux formes d'une maladie constitutionnelle, à laquelle M. Bazin a rendu son ancien nom d'arthritis, en donnant à ce mot une signification précise. Un grand fait morbide élémentaire observé dans l'arthritis, c'est la congestion sanguine active simple ou inflammatoire. Les muscles, les articulations, les parties du corps douées de nerfs sensibles, traduisent cette congestion par de la douleur, conséquence de la compression des cordons nerveux. Les organes internes expriment aussi, suivant leur innervation particulière par la douleur, par le malaise ou le désordre de leurs fonctions, l'entrain apporté à leur travail physiologique; dyspepsie et gastralgie pour l'estomac; constipation, diarrhée, douleur pour l'abdomen; toux, oppresion, asthme pour le poumon; palpitations, dyspnée pour le cœur; migraine cephalalgie pour le crâne. La congestion explique la plupart des actes morbides de l'arthritis.

Tous les rhumatisants sont sujets aux congestions. Huit à dix fois on trouvera chez eux des hemorrhoïdes fluentes on non, des varices aux jambes. Ils sont encore sujets à des rougeurs subites à la face qui est ordinairement pâle. Leurs extrémités sont alternativement très chaudes ou très froides, ils ont des spasmes du cœur ou des sensations d'étouffement ; il se fait des stagnations locales du grand courant circulatoire ou plutôt des afflux sur certaius points. Evidemment toutes les congestions partielles qui alternent, qui se remplacent et se succèdent sont dominées par un état général provocateur, que j'appelerai arthritis. On voit la congestion rhumatismale changer de siège sans changer de nature et occasionner des névralgies, donner lieu à des paralysies, déranger les fonctions du cœur et attaquer la vue.

Dans ces nombreuses transformations, le rhumatisme n'altère pas toujours les tissus des parties qu'il affecte. Tous les viscères sont également sujets àla congestion rhumatismale, mais c'est souvent sur l'estomac que se porte l'irritation rhumatismale qui fait naître alors une dyspepsie que je nommerai dyspepsie arthritique. C'est le poumon qui se congestionne chez les arthritiques dans les pays froids, c'est le foie dans les pays chauds. Le cœur lui-même prend une part active dans les affections rhumatismales, il existe du reste une similitude d'allure des affections viscérales rhumatismales, avec le rhumatisme vulgaire. Ces affections surviennent à la suite de douleurs rhumatismales chroniques, elles admettent comme les rhumatismes musculaires, des intervalles plus ou moins longs, complètement exempts de souffrances. Comme les rhumatismes, elles sevissent pendant les temps froids et humides, et se calment lorsque la douceur de la température favorise les fonctions de la peau.

Un fait d'observation ordinaire chez les arthritiques, c'est que leurs fonctions cutanées se font mal. C'est sous l'influence des variations brusques de température et de densité atmosphérique que se produit ce trouble fonctionnel ; ce n'est pas une température froide, humide, constante, qui amène plus particulièrement ce résultat, mais la variabilité atmosphérique.

L'arthritis règne dans tous les pays méridionaux ; dans la zône tempérée où l'atmosphère est agitée par de grandes variations météorologiques, l'humidité ne joue pas le rôle important que l'on croit généralement dans l'étiologie de cette maladie, elle est une condition étiologique aggravante, mais non indispensable. L'arthritis constitue le génie dominant de toutes les maladies chroniques dans les pays où l'humidité n'est pas extrême; il en est de même, à un moindre degré il est vrai, à Marseille la patrie classique de la sécheresse et du vent; c'est dans l'état électrique de l'atmosphère, plutôt que dans ses conditions hygrométiques qu'il faut rechercher les causes de l'arthritis. L'arthritis de même que l'herpétisme est une maladie constitutionnelle essentiellement héréditaire.

## CHAPITRE V.

### Des Dyspepsies diathésiques.

Les troubles des fonctions disgestives sans altération organique sont désignés sous le nom de dyspepsies; mais il ne faut cependant pas croire que toutes les dyspepsies sont purement nerveuses et rentrent dans la grande classe des névroses. A côté de ces accidents morbides dont la forme est extrêmement variable et que l'on peut regarder comme des dyspepsies bien réellement essentielles, vient se grouper toute une catégorie de troubles fonctionnels des voies digestives, entretenus par une disposition spéciale de l'organisme. Je veux parler des dyspepsies diathésiques, et parmi les diathèses qui retentissent sans altérations de tissus proprement dites sur les fonctions des voies digestives, on doit mettre en première ligne la diathèse herpétique et la diathèse athritique; de là deux ordres de dyspepsies : La dyspepsie herpétique et la dyspepsie arthritique dont je m'entretiendrai, parce qu'elles m'ont paru l'une et l'autre tributaires des eaux de Plombières.

### De la Dyspepsie Herpétique.

La dyspepsie herpétique ou dartreuse, se présente généralement sous la forme *asthénique*, qui est la plus commune et la moins rebelle au traitement par les eaux de Plombières. Elle s'accompagne presque toujours d'une anémie plus ou moins prononcée et c'est elle qui forme le cortège le plus habituel de la chlorose; rarement elle détermine de la douleur à l'estomac, et plus rarement encore des vomissements. C'est l'alanguissement de ce viscère qui n'a plus assez de force et de vitalité pour accomplir la fonction qui lui est dévolue. Aussi le principal symptôme de cette dyspepsie, est le séjour prolongé du bol alimentaire dans l'estomac, où il produit l'effet d'un poids, et d'une gène qui met quelquefois un temps assez long à se dissiper. Pendant le laborieux travail de la digestion, le malade est lourd, inquiet, tracassé ; il ne peut rester en place, le mouvement l'irrite, la position horizontale l'énerve, le travail est impossible et toute contention d'esprit est distraite par la gène de l'estomac.

Chez certaines personnes on constate un développement de gaz dans l'estomac, qui donne lieu à certains bruits intérieurs, d'autant plus désagréables qu'ils se font entendre au dehors, et qu'ils exigent souvent l'élargissement des liens qui entourent la région épigastrique. C'est la dyspepsie flatulente ; il est évident que les digestions qui s'accomplissent dans ces tristes conditions, ne peuvent transmettre aux intestins qu'un chyme mal élaboré, aussi les évacuations alvines sont elles le plus souvent modifiées. On constate en effet tantôt de la diarrhée et le plus souvent de la constipation.

Si on examine ce qui se passe dans les dyspepsies intestinales de nature herpétique, on trouve comme principal caractère la douleur lancinante ou térébrante. Elle se fait sentir lorsqu'après avoir été soumis à la première épreuve digestive, les aliments quittent l'estomac pour passer dans les intestins. Elle se présente sous forme de tortillements et d'empatements quelquefois si douloureux, que l'on peut voir sur la physionomie du malade un changement subit et profond. Son facies est pâle, hyppocratique, son regard éteint, le sillon naso-labial est prématurément ridé, les gestes, l'ensemble de son attitude dénotent des souffrances abdominales, de l'anémie, et surtout une consomption nerveuse latente. Chez certains malades l'abdomen se trouve tout bosselé, et si ces tumeurs mobiles formées par des soulèvements et des contractions des anses intestinales ne disparaissent pas après l'accès, on pourrait croire à des tumeurs solides. Les borborygmes sont très fréquents dans cette forme de la dyspepsie, et l'accès se termine alors par l'expulsion d'une grande quantité de vents ; comme dans la dyspepsie stomacale, il y a tantôt diarrhée, tantôt constipation. Mais selon M. Chomel et d'après mon observation personnelle, quand le mal est borné aux petits intestins, il y a plutôt constipation, les excréments sous forme de petites boules, occupent diverses parties du tube intestinal, et sont expulsés avec une grande difficulté. Je ferai cependant observer que dans cette espèce de dyspepsie intestinale, les accès ne reviennent pas toujours régulièrement après chaque repas, comme dans la dyspepsie stomacale, et cela est très heureux, car la vie serait alors un douloureux martyre.

Les troubles de la circulation sont assez fréquents dans cette dyspepsie ; ils se traduisent ordinairement par une diminution notable dans le nombre des globules rouges du sang, et il n'est pas toujours aussi facile qu'on le pense, de déterminer quels ont été les phénomènes initiateurs. Tantôt le point de départ se trouve dans l'altération du sang et tantôt dans les troubles de la digestion. Du reste, la dyspepsie herpétique et l'altération du sang marchent rarement séparées, et la présence de l'une suffit la plupart du temps pour indiquer l'existence de l'autre. Bien plus, outre que les deux affections s'engendrent mutuellement, elles s'entretiennent l'une et l'autre et forment une sorte de cercle vicieux dans lequel la thérapeutique ne sait par où rentrer.

Mais de tous les appareils, le système nerveux est celui qui manifeste le plus sa souffrance dans la dyspepsie herpétique. Il est d'une observation vulgaire que la manière dont se fait la digestion à l'état normal, influe puissamment sur le caractère et les idées des hommes. Les fonctions digestives, dont le caractère est de s'accomplir en silence, manifestent dans ce cas leur action par une sensibilité qui n'est pas encore la douleur, mais qui suffit pour concentrer sur elle l'esprit du malade. Cette concentration d'abord intermittente, comme les accès devient peu à peu habituelle ; le malade s'observe, interprête tous les bruits intérieurs, le moindre changement l'occupe, l'effraie, le monde extérieur ne l'intéresse plus que tout autant qu'il s'occupe de lui ; en un mot le système nerveux de la vie de relation est distrait de ses fonctions pour remplir le rôle de surveillant des actes de la vie végétative. On devine déjà à ces caractères que je veux parler de l'hypochondrie qui est toujours l'indice d'une maladie constitutionnelle vague et ne pouvant se localiser franchement. Les malades se plaignent alors de tous les désordres imaginables ; les uns d'une toux sèche, d'une respiration courte, de palpitations ; les autres d'hyperesthésie, de névralgie céphalique, intercostale, lombo-abdominale ; d'autres enfin d'anesthésie ou de paralysies partielles et passagères de la sensibilité. Presque tous tombent dans l'état nerveux, beaucoup parmi les femmes deviennent hystériques, et enfin l'hypochondrie raisonnante dans laquelle se trouvent plongés ces infortunés malades, est certainement tout aussi pénible à tolérer qu'une aliénation mentale franchement déclarée. Or, tous les caractères de nervosisme chronique appartiennent à l'herpétisme, surtout quand il ne s'exprime pas par des dartres bien fixes, ainsi que l'atteste M. Pidoux, dont je partage les idées parfaitement vraies sur ce point, car j'ai pu en constater moi-même toute l'exactitude dans une foule de cas.

## Effet thérapeutique des eaux de Plombières dans la dyspepsie herpétique.

Les eaux de Plombières prises à l'intérieur, augmentent l'appétit, facilitent la digestion et stimulent l'estomac. Leur efficacité dans la dyspepsie herpétique est donc toute naturelle et se comprend aisément. Mais en thérapeutique il ne suffit pas d'inductions, il faut que l'expérience sanctionne les vues de l'esprit les plus ingénieuses, et les conséquences les plus rationnelles. La pratique a donc montré qu'elles combattent heureusement les digestions difficiles produites, soit par une anémie, soit par un état nerveux de l'estomac et de l'intestin, soit enfin par un état congestif de l'appareil digestif. Je vais donc examiner quel est le mode d'action curative des eaux de Plombières dans cette forme de dyspepsie.

C'est surtout dans la forme asthénique, qui est liée à un état d'épuisement très marqué, qu'il importe de reveiller l'excitabilité engourdie de l'estomac. L'épreuve que j'en ai faite sur moi-même à Plombières, m'a donné la certitude qu'on y parvient par l'emploi des bains prolongés et tempérés, aidé de quelques douches écossaises. L'eau des Dames prise en boisson pendant le bain, les douches simples d'abord, suivies ensuite de douches écossaises et enfin l'usage de l'eau ferrugineuse de la fontaine Bourdeille au moment des repas, telle est la médication hydrothermale qui répondra à toutes les indications pathologiques de la dyspepsie herpétique.

Les bains reconstituants de Plombières changeront totalement le mode d'action des nerfs de l'estomac, des intestins et du plexus solaire en entier. On en acquiert la preuve tant par la cessation de l'état spasmodique de ces organes, que par le retour des sécrétions gastriques à leur qualité normale.

Données en bains ou prises en boissons elles agissent par voie d'absorption et elles vont altérer par l'intermédiaire du système vasculaire, c'est-à-dire modifier les centres nerveux et tous les points de l'économie où le sang abonde ; ou bien elles agissent demblée, et par voie de stimulation directe sur le système nerveux de la peau ou de l'estomac. De même que leur action doit être lente et continue, de même convient-il aussi que les principes médicamenteux se rencontrent à l'état de division extrême comme modificateurs permanents. Dans les eaux de Plombières, l'arsenic existe précisément à doses fractionnées, c'est-à-dire dans les conditions nécessaires pour la médication altérante ; du reste l'observation clinique prouve que certaines affections dartreuses ne trouvent que dans les préparations arsenicales leur agent thérapeutique, et ces affections guérissent précisément auprès des sources contenant de l'arsenic.

L'électricité rentre certainement dans les principes constituants des eaux minérales de Plombières et doit conséquemment concourir à la production de leur effet. Les observations de notre savant confrère Scoutteten de Metz, qui attribue avec juste raison l'action des eaux minérales à la présence de l'électricité, donneront un jour le dernier mot à des appréciations restées jusqu'à présent incomplètement satisfaisantes. Pour mon compte personnel, j'ai remarqué que les maladies dans lesquelles l'électricité a été employée avec quelques bons résultats, telles que les lésions de la sensibilité et de la motilité, les névralgies, les névroses, les rhumatismes chroniques, les paralysies partielles, sont précisément celles dans lesquelles l'usage des eaux minérales de Plombières a été suivi des effets les plus positifs, et cependant ces eaux qui exercent une action si puissante sur le système nerveux, ne renferment en général que de faibles traces de sels minéralisateurs.

OBSERVATION PREMIÈRE.

## Dyspepsie Herpétique Chronique.

M. X..., d'un tempérament nerveux, est né de parents herpétiques, il a eu dans son enfance plusieurs fièvres exanthématiques et des angines fréquentes qui ont pris plus tard un caractère herpétique.

Il a contracté à l'âge de 19 ans la gale dont l'intensité a exigé un traitement de plusieurs jours. A partir de cette époque sa peau devint très impressionnable, et chaque saison de printemps fût marquée par une éruption nouvelle ; pendant 5 années consécutives, ce malade a eu successivement de l'urticaire, du prurigo, de l'érythème et de l'herpès. Ces éruptions ont ensuite disparu subitement, et M. X. a ressenti les premiers symptômes d'une dyspepsie flatulente caractérisée par de la pesanteur à l'estomac, quelquefois suivie de vomissements, mais le plus ordinairement accompagnée de flatuosités ; plus tard la dyspepsie se localisa dans les intestins. L'abdomen devint le siège dans la région ileo-cœcale de douleurs sourdes et lancinantes, accompagnées de borborygmes et de gaz qui finirent par plonger le malade dans un état de nervosisme chronique. Les selles étaient habituellement diarrhéiques et de nature glaireuse. Cette forme de dyspepsie dont les symptômes ne se présentaient d'abord qu'à de rares intervalles, alternait ordinairement avec des démangeaisons très-vives à l'anus et aux parties génitales et avec des angines caractérisées par des plaques grisâtres, pultacées, et offrant beaucoup d'analogie avec les aphtes.

La dyspepsie prit ensuite une marche continue et M. X. fut plongé dans une mélancolie profonde. Les antispasmodiques de toute nature et sous toutes les formes furent vainement employés ; le malade fut envoyé successivement aux Eaux de Royat, de Cauterets, d'Enghien et aux bains de mer. Ces différentes médications hydrothermales déterminèrent chez lui un état d'érethisme violent, qui aggrava les symptômes dyspeptiques. L'anémie vint se joindre à tous ces désordres nerveux de l'appareil digestif, et M. X., éprouva des troubles vertigineux, qui, mêlés à un état d'angoisse presque continuel ne tardèrent pas à produire chez lui un profond abattement. C'est dans ces conditions que le malade fut envoyé à Plombières ; où il a été soumis pendant tout son séjour, à l'usage quotidien de bains tempérés à 30 centigrades de 1 heure 1/2 de durée. Un verre de la source des Dames était chaque matin ingéré dans le bain, et l'eau ferrugineuse de la source Bourdeille était régulièrement prise au moment des repas. Des douches intestinales furent prescrites tous les deux jours, pour combattre les douleurs nerveuses provenant du grand sympathique ; elles eurent pour résultat de faire cesser de suite les selles glaireuses et de provoquer une légère constipation.

Pendant les premiers jours du traitement M. X. a éprouvé des alternatives de surexcitation et d'abattement suivi d'un état névropathique. Les nuits furent agitées et accompagnées d'insomnie fâcheuses ; quelques douches écossaises prescrites au malade dûrent être abandonnées parcequ'elles aggravaient son impressionnabilité. Cependant ces phénomènes nerveux qui furent un moment exagérés sous l'influence du traitement, ne tardèrent pas à cesser pour faire place à un état de calme et de soulagement. La médication hydrothermale a été suivie très-exactement pendant 25 jours et le malade que nous avons revu depuis son retour de Plombières, éprouve aujourd'hui une amélioration considérable ; les digestions se sont régularisées, les flatuosités ont en partie disparu et le nervosisme qui faisait le désespoir de M. X., n'existe plus aujourd'hui. Il éprouve, nous a-t-il dit, un bien-être général auquel il n'était plus habitué, et qu'il doit assurément aux Eaux de Plombières, pour lesquelles il a conservé une vive reconnaissance.

### Observation 2e

### **Dyspepsie herpétique récente.**

Mme X. a un tempérament d'apparence lymphatique, modifié par une grande susceptibilité nerveuse. Elle a eu autrefois des dartres à la peau, il lui reste encore aujourd'hui du pityriasis au cuir chevelu. Depuis quelques mois elle a ressenti des douleurs abdominales sourdes et profondes revenant quelques heures après le repas, l'estomac et le ventre sont toujours ballonés et la malade éprouve constamment dans le creux épigastrique une pesanteur qui ne disparaît qu'avec un dégagement de flatuosités abondantes.

Indépendamment des troubles nerveux digestifs qui la plongent dans un état de prostration continuelle, Mme X. a des palpitations, des vertiges, des bourdonnements d'oreille, des règles irrégulières et peu abondantes ; son sang est aqueux et décoloré et souvent son état nerveux est extrême. Les antispomodiques, les ferrugineux et les toniques ont été successivement mis en usage contre ces divers symptômes, mais ils n'ont pas toujours été couronnés de succès. C'est après cette médication variée que Mme X. est envoyée à Plombières, où elle suit avec beaucoup de régularité un traitement de 25 jours. Elle est soumise à l'usage journalier de bains tempérés à 30° centigrades de 2 heures de durée, de douches écossaises d'un quart d'heure tous les deux jours, alternées avec des douches intestinales ; elle boit en outre deux verres chaque jour de la source des Dames, et emploie régulièrement au moment du repas l'eau ferrugineuse en boisson. M$^{me}$ X. ressent un peu de surexcitation pendant les premiers jours, mais ces désordres nerveux ne tardent pas à se calmer. Les digestions deviennent meilleures, les douleurs intestinales disparaissent, les forces reviennent et M$^{me}$ X. peut faire tous les jours de longues promenades à pied, et elle éprouve un grand soulagement à son départ de Plombières.

## Observation 3$^{e}$

### Dyspepsie Herpétique ancienne.

M. M.... est très-nerveux. Ses parents ont eu des manifestations cutanées. Il porte lui-même un eczéma à la région thoracique. Depuis quelques années il a été atteint d'une dyspepsie intestinale flatulente qui l'a plongé dans un état de mélancolie hypochondriaque insurmontable. M. M... a consulté plusieurs médecins et a fait différents traitements pour se débarrasser de sa *dyspepsie herpétique*. Fatigué de toutes ces tentatives infructueuses, découragé, il vient à Plombières et se soumet à un traitement hydro-minéral de 25 jours.

A son arrivée M. M... est très-fatigué, son teint est légèrement plombé, son système nerveux est très-excitable. Le caractère se ressent de cette impressionnabilité, tantôt il est porté à l'expansion, à l'attendrissement ; tantôt il est sombre et silencieux. Parfois le malade honteux de lui-même veut s'armer de courage et d'énergie, il affecte une résignation calme, mais ses efforts ne durent pas longtemps et sont suivis d'une réaction qui le replonge dans la prostration physique et l'accablement moral. Les nuits sont en général mauvaises, le malade n'a que 2 ou 3 heures d'un sommeil agité et peu réparateur. Le pouls est faible et lent, un bruit de souffle anémique est parfaitement distinct à la base du cœur ; l'appétit est irrégulier, capricieux, la langue feuillée est saburrale à la base et rouge à la pointe, le ventre est ordinairement ballonné et douloureux quelques heures après le repas. Le malade éprouve alors des pandiculations, du malaise, un accablement général et des flatuosités incessantes. M. M., est soumis dès son arrivée à l'usage journalier de bains tempérés à 30°; de 2 heures de durée. L'eau de la source des Dames est prise à la dose de 2 verres chaque jour ; des douches intestinales sont alternées tous les deux jours avec les douches écossaises qui sont bien supportées et dont le malade retire de suite un grand soulagement. Sous l'influence de ce traitement les digestions ne tardent pas à se régulariser d'une manière sensible, l'eau ferrugineuse de la source Bourdeille est prescrite à chaque repas. De longues promenades sont supportées sans trop de fatigues; les nuits deviennent meilleues ; l'appétit revient et les flatuosités sont moins incommodes ; les idées noires tendent à disparaître et nous avons vu à la fin de la saison M. M. plein d'espoir et d'entrain. Nous avons depuis cette époque reçu de ses nouvelles et nous constatons avec joie que l'amélioration s'est soutenue d'une manière progressive; et que les eaux de Plombières en régularisant les digestions ont amené beaucoup de calme dans les accès d'ypochondrie, qui faisait le désespoir de cet intéressant malade.

## De la Dyspepsie arthritique.

La dyspepsie arthritique que je nommerai encore dyspepsie *sthénique* est surtout caractérisée par la douleur au moment de la digestion. Elle est produite par la contraction trop énergique des parois de l'estomac sur le bol alimentaire, et la chymification livre à la digestion intestinale des produits incomplétement préparés. Cette dyspepsie présente différents dégrés depuis la simple spasme jusqu'à la douleur la plus vive, s'accompagnant de battements de cœur et de congestion de la face. Il faut se garder de confondre avec la gastralgie cette forme de dyspepsie ; dans le premier cas, la douleur arrive en dehors du repas, subit l'influence de la température, obéit à toutes les causes occasionnelles des névralgies, dont la gastralgie n'est qu'une variété. Dans la dyspepsie arthritique, la douleur épigastique est constamment déterminée par la présence des aliments dans l'estomac; et elle cesse quand sa cause déterminante a disparu, soit par la digestion, soit par les vomissements.

On a ici affaire à une sorte d'irritation nerveuse qui s'exaspère par le travail de la digestion. Tant que ce travail n'est pas accompli, les malades sont en proie à une irritabilité excessive ; l'estomac est le siège d'une douleur brûlante, une sensation de pyrosis fatigue le malade qui éprouve en outre une constriction très-vive à l'œsophage.

Au milieu de tous ces troubles digestifs la circulation est activée, le cœur bat avec force, la peau est sèche et chaude, la face se congestionne et le malade redoute à tout instant un attaque d'apoplexie. Le sommeil, le repos même sont impossibles, il faut du mouvement et de l'air qui rendent insupportable la vie en commun.

La digestion intestinale peut être troublée à son tour, le malade éprouve alors des éructations acides, des aigreurs, des douleurs crampoïdes de l'estomac pendant le temps de la chymification. Ce n'est que deux heures après le repas, que de nouveaux symptômes alors purement intestinaux apparaissent, ce sont une constipation ou une diarrhée permanente et le plus souvent une constipation à laquelle succède une débacle diarrhéique avec eutéralgie. Le travail digestif n'est pas ce qui cause le plus de malaise ; les malades ont parfaitement conscience qu'ils digèrent mal, mais c'est précisément pendant la nuit qu'ils accusent des douleurs dans l'abdomen, ils ont alors de l'insomnie, des nuits agitées. Il n'est même pas rare de rencontrer des malades qui ne se plaignent que du trouble des fonctions intestinales, bien que la plupart des aliments soient réfractaires à leur digestion ; chez eux la sensibilité gastrique d'abord prédominante est émoussée, elle est effacée par celle des intestins, et des selles diarrhéiques dans lesquelles on reconnaît facilement les matières ingérées, suivent presque immédiatement chaque repas.

Il est des rhumatisants chez qui la santé paraît souffrir du mauvais état des voies digestives. D'un autre côté, il est des dyspeptiques, dit M. Durand Ferdel, chez qui le rhumatisme persiste tant qu'ils sont dyspeptiques. Quoiqu'il en soit, lorsque le rhumatisme ne paraîtra devoir sa persistance qu'à de mauvaises conditions de l'organisme, de même lorsqu'il ne pourra être attribué qu'à la disparition de douleurs articulaires au préjudice des voies digestives, il demandera surtout une médication propre à faire prédominer dans l'organisme les forces vitales communes, et par conséquent les réactions les plus légitimes, les plus salutaires. Car, suivant les belles expressions de MM. Trousseau et Pidoux, du moment que l'activité trisplanchnique ne peut plus s'employer à sa destination normale ; du moment qu'elle n'a plus pour l'absorber et la régulariser la série des aspirations préparatoires de la nutrition, elle donne lieu aux phénomènes palthologiques les plus variés.

## Effet thérapeutique des Eaux de Plombières dans la dyspepsie arthritique.

Que la dyspepsie soit rhumatismale, ou que le rhumatisme soit entretenu par la dyspepsie, le traitement devra se composer de bains de piscine prolongés, à la température de 34 à 35° centigrades, suivis de douches tièdes avec massage. D'autrefois la douche écossaise pourra devenir un modificateur puissant du système nerveux en déviant du côté de la peau la surexcitation dont l'estomac est le siège; mais avant d'y recourir, il conviendra d'interroger la susceptibilité du système nerveux, car si la douche ne remplit pas le rôle de modificateur, elle aura à coup sûr celui d'énergique excitant, et sous son influence la dyspepsie sera singulièrement aggravée.

Les bains tempérés de 35° centigrades de 1 à 3 heures et même de 4 heures, et surtout les bains de piscine dont la température est naturelle et le renouvellement continu, constituent les plus précieuses conditions de traitement. Les douches tempérées ou chaudes très-courtes révulsives, et s'il y a engorgement des organes abdominaux la douche froide hydrothérapique, sont les moyens les plus utilement employés.

Ne nous hâtons pas d'ailleurs d'inscrire le mot guérison sur nos observations, quand nous n'avons assisté qu'à un changement d'allure pathologique provoqué ou non par le traitement. Les rétrocessions ou mouvements de la peripherie au centre, comme les mouvements inverses dits critiques, ne sont pas autre chose que des déplacements morbides, que le médecin dans l'impossibilité où il se trouve de guérir en quelques jours une maladie constitutionnelle, est heureux de provoquer du centre à la péripherie. C'est pour ce motif que notre savant confrère du Montdor, M. Bertrand, avec son grand sens pratique. insiste pour la discontinuation du traitement thermal, toutes les fois que les eaux produisent une de ces révulsions d'autant plus faciles à établir, que déjà la muqueuse intestinale est attaquée de cette phlogose consécutive, qui est comme la propagation de celle qui consume le viscère principal. Pendant ce temps de l'irritation, et le nouveau travail qui en résulte, les accidents principaux de la maladie se calment momentanément et le malade paraît aller mieux pour retomber, dès que les selles colliquatives arrivent.

Dans sa clinique de Plombières sur les affections du tube digestif 1865, le Dr Lietard a relaté avec beaucoup de soin une série d'observations sur l'efficacité des eaux de Plombières dans certaines dyspepsies. Je suis heureux d'être en harmonies d'idées avec ce distingué confrère, et j'emprunterai à son excellent ouvrage les deux observations suivantes pour confirmer mon appréciatipn sur la dyspepsie arthritique.

### Observation première

### Dyspepsie sous l'influence d'un diathèse rhumatismale.

« M. Val...., âgé de 54 ans, est un homme d'une taille élevée, d'un tempérament sanguin, d'une constitution athlétique, qui sous l'influence de veilles prolongées et de nuits nombreuses passées dans l'humidité, a ressenti successivement dans toutes les parties du corps des douleurs rhumatismales, dont la répétition a amené une modification diathésique parfaitement établie. C'est dans ces conditions qu'en 1865, M. *Val*... fut pris de dérangements dans les digestions, caractérisées surtout par l'anoréxie, la douleur sous sternale et la constipation. Arrivé à Plombières le 20 août 1864, le traitement au début consiste dans un bain quotidien de 3 heures de durée, les deux premières heures passées dans une piscine à 35° centigrades environ. Sous l'influence de ce traitement, l'état des digestions s'améliore sensiblement, mais les douleurs rhumatismales qui actuellement occupent les deux épaules, ne sont pas encore modifiées au bout de 8 jours de traitement. Nous prescrivons une douche en colonne de 36° et pendant un quart d'heure en dehors du bain, et de deux en deux jours, un bain russe de dix à quinze minutes de durée pris au milieu de l'après-midi.

7 *Septembre.* — Les premières étuves ont fait disparaître les douleurs rhumatismales. Les fonctions digestives se font d'une manière moins satisfaisante que quelques jours auparavant. Prescription : suspendre l'usage de la douche

chaude. Le malade accuse un certain degré de constipation. Nous conseillons la douche ascendante 2 ou 3 jours de suite.

12 *Septembre*. — M. *Val*... quitte Plombières après avoir pris 21 bains, 11 douches et 15 bains de vapeur. Il ne ressent plus sa douleur que légèrement, quand la température varie ; l'appétit est assez bon et la digestion se fait un peu lentement, mais sans douleur. »

### Observation 2me

**Diathèse rhumatismale. — Accès d'oppression. Dyspepsie.**

« M. B., de Lauzanne, d'un tempérament mixte, est atteint depuis plusieurs années de rhumatismes musculaires ambulants. Il y a deux ans que le principe rhumatismal semble s'être fixé sur la région thoracique et diaphragmatique. Le malade éprouve parfois une grande difficulté de respirer ; ces accidents ont encore pris de l'extension après une chûte dans laquelle le thorax a supporté une forte contusion.

Depuis un certain temps le malade éprouve aussi des symptômes dyspeptiques plus ou moins sérieux : inappétence, état saburral des premières voies, sentiment de gonflement au creux épigastrique, légère constipation. En 1860 une première saison passée à Bourbonne, où il a fait usage de l'eau en bains d'une demi-heure et en douches chaudes, a amené une certaine amélioration, surtout dans la violence des douleurs vagues. C'est en raison de la persistance des symptômes dyspeptiques qu'en 1861 M. B. est envoyé à Plombières.

Le traitement consiste en bains de piscine 35°, 3 heures chaque matin, et de trois en trois heures de bains russes avec douches tièdes en pluie fine. Après 3 semaines de séjour M. B. quitte Plombières ayant peu gagné quant à l'état général, mais digérant mieux et sans douleur. »

## CHAPITRE VI.

**Réflexions sur l'action physiologique des eaux de Plombières dans l'herpétisme et l'arthritis.**

Dans un mémoire publié dans les archives générales de médecine en 1838, Guersant père a signalé le premier l'emploi des Eaux de Plombières contre le psoriasis guttata, le

-lichen, toutes formes que M. Bazin a montrées être de nature le plus souvent dartreuse. Mon savant et distingué confrère Lheritier, médecin inspecteur à Plombières, m'a fait part de plusieurs cas remarquables de guérison et d'amélioration de maladies dartreuses, et il ne pouvait mieux compléter son beau travail chimique sur Plombières et ses recherches sur l'arsenic dans ces eaux, qu'en leur donnant cette consécration thérapeutique, qui établira désormais d'une manière définitive leur nature arsenicale. M. Bazin envoie déjà depuis longtemps les herpétides à Plombières; et il a constaté les plus heureux résultats à la suite de ces eaux.

Quoiqu'il en soit, la composition chlorurée, sodique, alcaline et arsenicale des Eaux de Plombières, peut nous rendre compte de leur double indication dans l'herpétisme et l'arthritis, et il n'est point étonnant que ce qui convient aux rhumatisants, puisse convenir aux dartreux. Car, ainsi que plusieurs auteurs modernes, en tête desquels il faut placer M. Bazin, le publient, il y a des liens nombreux de consanguinité entre ces diverses diathèses. Mais l'irritabilité spéciale de la peau qui se rencontre chez tous les herpétiques, ne permet pas de leur appliquer une médication stimulante trop vive. Du reste, l'excitation produite an début du traitement cesse bientôt d'elle-méme, lorsqu'elle suit sa marche régulière et ne se prolonge pas au-delà du 8e ou 10e bain; elle est de bon augure et indique que l'agent hydro-minéral est à dose suffisante. L'étuve et la douche sont aujourd'hui presque abandonnés. Le bain seul et surtout le bain prolongé à 30° et la source des Dames prise en boisson à petites doses, donnent de très-bons résultats dans le traitement de la diathèse herpétique interne ou externe. La durée du traitement sera généralement de 20 à 25 jours, et l'étuve ne sera employée qu'à de rares intervalles. La médication sera ainsi moins excitante que celle du rhumatisme, plus directe, altérante, substitutive, médication qui tend à changer le mode de vitalité vicieux de la peau, au lieu de l'irriter, en même temps qu'elle s'adresse à la cause pathogénique de la maladie.

Si j'envisage maintenant l'arthritis, je dirais que toutes les eaux toniques sont calmantes, parce qu'en fortifiant le malade elles éteignent son érethisme nerveux; données à une dose plus forte, à une température élevée, elles deviennent alors excitantes et perdent leur première action. Mais les eaux les plus excitantes peuvent devenir hyposthénisantes entre des mains habiles ; toutefois, il faut être très prudent dans l'administration des eaux très chaudes. Les organes internes congestionnés se trouvent généralement mal des bains et des douches chaudes prolongées qui ne font souvent qu'augmenter la congestion.

Une indication sur laquelle on ne saurait trop insister, c'est que la congestion ou les engorgements viscéraux qui se trouvent le mieux du traitement hydrominéral, sont ceux qui sont dépouillés d'inflammation. Le médecin traitant devra donc combattre l'inflammation, et tacher de la faire disparaître avant d'envoyer le malade aux eaux, s'il ne veut pas voir échouer un traitement, qui eut été très efficace pour faire disparaître les dernières traces d'une congestion chronique. Dans presque tous les cas où j'ai vu échouer le traitement des affections de l'utérus, on trouvait au toucher un point douloureux, symptomatique d'un petit phlegmon utérin ou peri-utérin, qui souvent avait passé iuaperçu. Le traitement thermal peut encore être utile dans ces cas, mais à la condition d'une grande prudence, de l'usage presque exclusif des bains tièdes peu minéralisés, combinés avec des douches hydrothérapiques moyennes comme température et pression, et de l'abstention complète de moyens trop actifs, comme les douches chaudes.

Maintenant examinons les phénomènes qui se produisent dans l'arthritis, sous l'influence de la douche et de l'étuve. L'étuve porte son action partout, sur la peau et sur toute l'économie ; par l'absorption elle fait vibrer à l'unisson toutes les cordes de l'organisme. La douche chaude à 40 ou 42° centigrades a bien aussi son action stimulante générale, mais elle y joint une stimulation locale autrement énergique produite par le jet de l'eau, la percussion, le massage. La douche s'adresse donc directement à la peau et stimule autrement que l'étuve, aussi est-elle plus difficilement supportée ; tandis que l'étuve sature peu à peu l'économie du principe médicateur, et la nature est libre de porter où elle veut, sur la peau, sur les muqueuses digestives et urinaires son action médicatrice ; la douche au contraire par son appel violent à la peau, paraît troubler cette harmonie silencieuse. Les douches ascendantes ou intestinales ont une réputation très ancienne et très méritée à Plombières, elles sont souvent d'une grande utilité pendant l'usage des eaux, et d'une nécessité indispensable quand la constipation existe ; dans les vapeurs chez les hypochondriaques, elles peuvent même suppléer aux besoins de la purgation.

Le bain à 34° ou 35° produit une stimulation plus légère en apparence, mais elle n'en est pas moins plus profonde et plus durable, elle est souvent accompagnée de lassitude et de somnolence.

L'exercice du corps est une condition de tolérance que le bain réclame plus impérieusement que la douche et l'étuve, car la soif, les battements du cœur, l agitation et l'insomnie ne tarderaient pas à se manifester à un haut degré.

Les phénomènes qui se produisent après la cessation des eaux dureront souvent plusieurs mois, ils sont une continuation de l'excitation hydrothermale. Les sueurs se répètent quelquefois avec une certaine périodicité aux heures de l'étuve et de la douche, d'autrefois c'est par une diarrhée prolongée que se fait la crise, c'est une poussée ; enfin après des oscillations plus ou moins marquées d'abattement et d'agitation, l'équilibre se rétablit. Le phénomène d'excitation générale qui se fait sentir fortement sur l'organe accidentellement plus excitable, a fait dire proverbialement que les eaux vont toujours à la partie malade.

Le plus souvent le rhumatisme se montre à la suite d'une manifestation franche du côté des articulations des membres ou des nerfs, le doute alors ne sera plus permis, la lésion viscérale sera alors facile à classer ; mais quand on se trouve en face d'une de ces maladies viscérales rebelles, opiniâtres, résistant à tous les moyens employés pour les combattre, sans antécédent rhumatismal ; et quand à la suite d'une cure thermale bien faite paraît soudainement une douleur aux extrémités, quand cette manifestation imprévue a pour effet de rétablir comme par enchantement les fonctions de l'organe malade, n'est-on pas en droit de conclure que la maladie était de provenance rhumatismale ; tel est le cas qui s'est présenté à mon observation à Plombières.

### OBSERVATION VI.

M. B..., est atteint d'une douleur assez constante au creux épigastrique. Les digestions sont irrégulières et accompagnées de gonflement, d'aigreurs. La langue est rouge à la pointe, la constipation habituelle, l'amaigrissement notable et le sommeil agité.

En un mot, les troubles généraux ne le cédaient en rien à la dyspepsie qui datait depuis plusieurs années et qui avait résisté aux médications rationnelles.

M. B... arrive à Plombières, prend des bains de piscine, quelques douches tièdes et un peu d'eau des Dames en boisson; quelques semaines après ce traitement bien supporté, M. B... fut pris d'une douleur névralgique franche à la cuisse, et l'estomac reprit dès lors son habitude normale.

En cédant, la dyspepsie a révélé une origine qui était restée jusque-là douteuse; c'est qu'aucun dérivatif n'est aussi propre que la médication thermale, à faire lâcher prise à la maladie ainsi fixée, et à lui rendre son caractère de mobilité.

Le premier effet de cette médication est de faire reparaître d'anciennes douleurs, et il se produit quelquefois avec une telle promptitude, qu'après les premières opérations thermales, on voit déjà éclater la diathèse latente. Avec le retour des anciens maux on voit survenir les métastases qui permettent en quelque sorte de sonder le fond de la constitution. Les maladies rhumatismales et herpétiques sont plus que les autres sujettes à ces évolutions qui nous révèlent leur nature, et qui se font ordinairement du centre à la périphérie, travail qui dépend beaucoup du mode d'administration des eaux.

Dans ses considérations générales sur les eaux minérales, Patissier dit en parlant des métastases rhumastimales, qu'elles sont fréquentes et déterminent diverses maladies; ainsi elles produisent à la tête des névralgies; à l'estomac des dyspepsies; sur le larynx, l'aphonie, et sur la vessie la cystite. Les eaux thermo-minérales prises en bains, douches et étuves en favorisant les réactions de l'intérieur à la périphérie, seront donc toujours utiles pour rappeler au dehors le principe morbide fixé sur les viscères.

FIN.

www.ingramcontent.com/pod-product-compliance
Ingram Content Group UK Ltd.
Pitfield, Milton Keynes, MK11 3LW, UK
UKHW022143260726
13993UKWH00005B/2123